U0468901

2022 年江苏省主题出版重点出版物

水韵江苏·河湖印记丛书

水情教育基地

《水韵江苏·河湖印记丛书》编委会 编

河海大学出版社
HOHAI UNIVERSITY PRESS
·南京·

图书在版编目（CIP）数据

水情教育基地/《水韵江苏·河湖印记丛书》编委会编. -- 南京：河海大学出版社，2022.12
（水韵江苏·河湖印记丛书）
ISBN 978-7-5630-8167-7

Ⅰ.①水… Ⅱ.①水… Ⅲ.①水情-普及教育-江苏 Ⅳ.①P337.253

中国国家版本馆 CIP 数据核字(2023)第 008575 号

书　　名	水韵江苏·河湖印记丛书. 水情教育基地
	SHUIYUN JIANGSU. HEHU YINJI CONGSHU. SHUIQING JIAOYU JIDI
书　　号	ISBN 978-7-5630-8167-7
策划编辑	朱婵玲　俞　婧
责任编辑	蒋艳红　倪美杰
责任校对	杨　雯
特约校对	岳盈娉
装帧设计	黄　煜
图文制作	源之堂
出版发行	河海大学出版社
地　　址	南京市西康路 1 号（邮编：210098）
电　　话	（025）83737852（总编室）
	（025）83722833（营销部）
经　　销	江苏省新华发行集团有限公司
印　　刷	南京迅驰彩色印刷有限公司
开　　本	889 毫米×1194 毫米　1/16
印　　张	9.5
字　　数	89 千字
版　　次	2022 年 12 月第 1 版
印　　次	2022 年 12 月第 1 次印刷
定　　价	89.00 元

丛书编委会

主　　任　　张劲松

副 主 任　　姚俊琪　曹　瑛

委　　员　　张　明　徐　明　马卫兵　黄林霞

分册编写组

主　　编　　张劲松

副 主 编　　程　瀛　楼　锋

执行主编　　王宏伟　张艺琼

本册编写　　华智睿　招　锐　邹安琪　朱一丹　刘泽宇

前言

江苏因水而兴、因水而盛、因水而名,水是江苏的亮丽名片,也是江苏最鲜明的自然与人文符号。作为江海拥依、淮运贯穿、湖库繁翠的多水之地,河流湖泊滋养着江苏大地,擦亮了"水韵江苏"的地域文化品牌。在这片土地上,有太多的水利印记值得我们神游,有太多的河湖故事值得我们一读。

什么样的景观最打动人心?是雄伟绵延的建筑群呢?还是桃红柳绿的生态园林?有这样一批大地景观,它们的创造者是无数水利规划师、工程建设师,他们在10万多平方公里的地理尺度上布局河流、工程,既顺应自然,又利用自然,塑造了最具魅力、最有代表性的形象标识。这些景观不仅仅有水的滋育,更有文化的积淀,我们形象地称之为"水地标"。我们期待读者通过阅读《最美水地标》一书,用一种全新的角度去认知江苏的江河湖海、江苏的水。

滔滔奔流了两千多年的大运河，是中华民族独特的活态文化遗产，它见证岁月变迁，赓续中华文脉，是江苏的"美丽中轴"。古老运河在新时代需要以新的方式打开，江苏水利人借鉴"最美水地标"推选活动，于2018年联合多部门开展了"寻找大运河江苏记忆"活动，推出40个"最美运河地标"。我们尝试通过《运河记忆》一书来揭示千年深远时光中那些历久弥新的治水记忆。

如果想要深度体验和感受江苏的河湖水韵魅力，那么《水景印象》是读者不错的选择。我们按照水系脉络，串联起江苏特色水景观呈现给大家。它们有的湖面开阔、一览无余；有的湖中有岛、岛中有水；有的河流曲折、古桥跨越；有的水系变迁、环绕城廓；有的历史悠久、文化灿烂；有的菜花盛开、湿地摇橹；有的水产丰富、日出斗金；有的大堤挡洪，湖、堤、路、车相伴，招徕四面宾朋；有的大坝蓄水，山、水、村、人和谐，引来八方游客。借由这15条水利风景区精品线路，全方位描绘出一幅幅人水和谐相处的生动画卷。

江苏水文化源远流长，在创造了水利基础建设辉煌成就的同时，也促进了江苏水文化的大繁荣。长江水如何北上滋润齐鲁？抢险救灾如何实施？饮用水从何而来……若要探究这些问题，那么《水情教育基地》一书所收录的基地值得读者前去"打卡"，在可观、可知、可感中，让河湖文化成为大众的文化滋养。

《水韵江苏·河湖印记丛书》包括《最美水地标》《运河记忆》《水景印象》《水情教育基地》4册，书中所述是江苏河湖治理成就的浓缩和印记，也希望给不曾到过江苏的读者留下心生向往的印记。在丛书集结出版过程中，我们得到了许多领导、专家的帮助和指导，获得了许多志愿者的协助和支持，在此一并致谢，恕不一一列举。由于时间紧迫，书中内容难免有错误或遗漏，敬请读者不吝指正，以期更好。

编者

2022年12月

目录

国家级

河道总督府（清晏园）（2016年）	002
宿迁水利遗址公园（2017年）	012
江都水利枢纽工程（2019年）	022
泰州引江河工程（2019年）	030
江苏防汛抢险训练场（2021年）	038
安澜展示园（淮安水利枢纽）（2020年）	046

省级

扬州中国大运河博物馆	056
淮安樱花园	058
无锡太湖—梅梁湖泵闸群	066
秦淮水博苑	076
水-PARK科技馆	090
印象苏州水文化馆	098
兴化水利文化馆	104
三河闸	106
常州青龙潭	116
皂河水利枢纽工程	124
连云港海陵湖	126
盐城大纵湖—蟒蛇河	136
浦邑滁河	140

水韵江苏·河湖印记丛书

水情教育基地

国家级

河道总督府（清晏园）

（2016年）

河道总督府（清晏园）位于淮安市清江浦区人民南路之西侧、环城路之北侧，占地8万平方米，其中水面面积约3.3万平方米，是我国治水史和漕运史上唯一保存完好的级别最高、延续时间最长的衙署园林。河道总督府始建于明永乐十五年（1417），距今已有600多年的历史，后经历任河督整修，公园渐成规模，于1991年更名为清晏园。该园以治水历史和治水文化展示为主要内容，向社会公众开展水情教育。

河道总督部院

关帝庙

003

上图　御碑园
中图　荷芳书院
下图　奏疏馆

御碑园

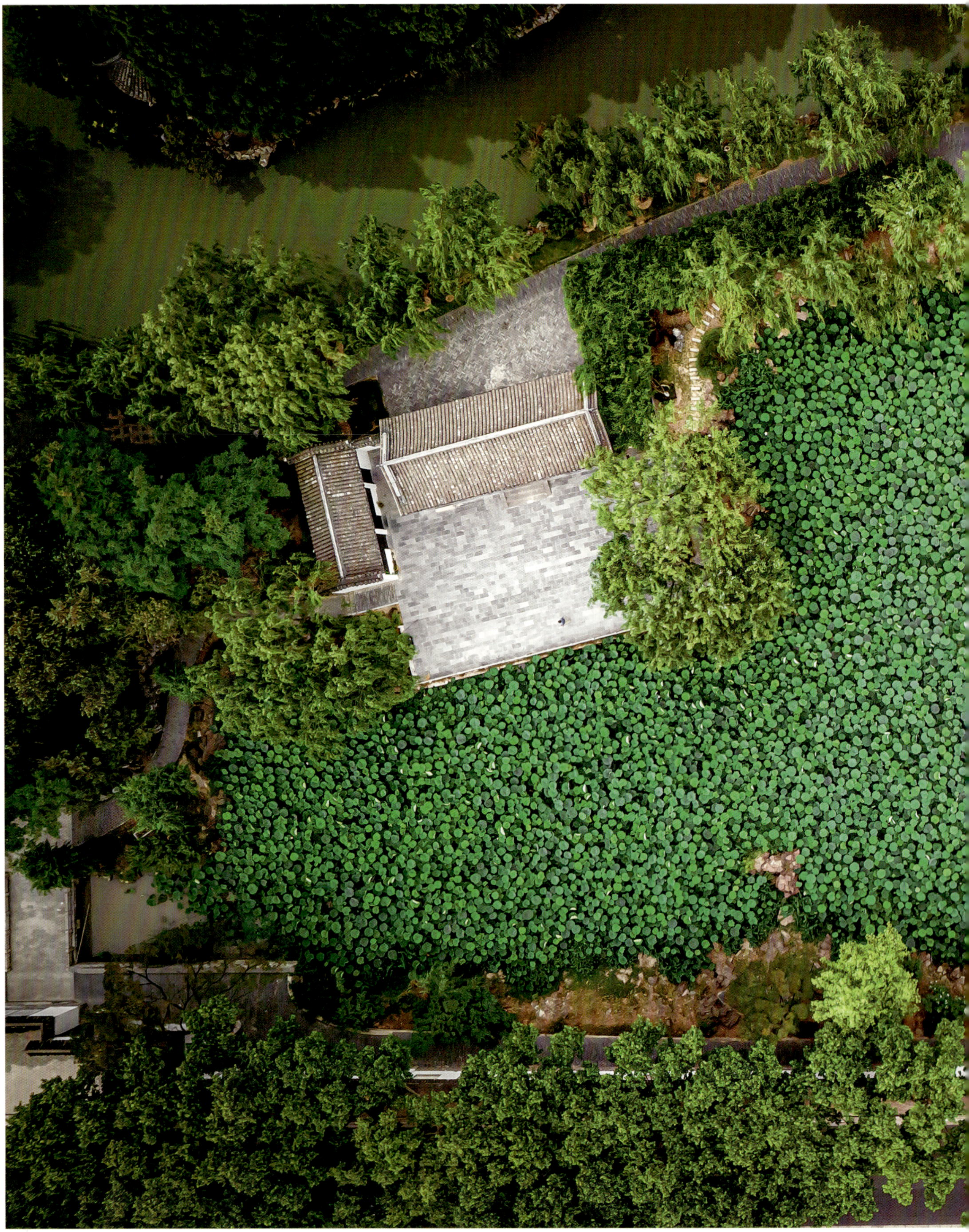

环漪别墅内的荷花池

清晏园·鹿鹤榭

清晏园·古文渠河

上图　淮海晚报小记者走进河道总督府
下图　"古衙署春色满园　画节水你我同行"亲子涂鸦线上活动

开展"趣游清晏"文明活动

宿迁水利遗址公园

（2017年）

宿迁水利遗址公园坐落于宿迁市宿豫区六塘河水利风景区内，占地面积约7.5万平方米，于2014年依托废弃的抽水站建成。园区内布设了泵站历史实物，陈列展示老式翻水灌溉设备、节水型渠道及闸门设备等水利设施，通过现代科技和实物展示相结合，全面展示和宣传宿迁治水历史，传承和弘扬水文化，普及水利科学知识，为大众奉献一个集水文化体验、宿迁因水兴城的往事追忆和运河民俗文化于一体的传播空间。

宿迁水利遗址公园展馆

广场雕塑

老站房全景

展馆内部展陈组图

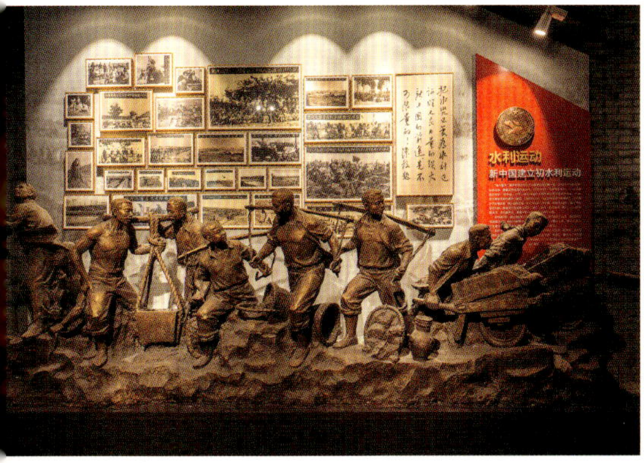
水利运动
新中国建立初水利运动

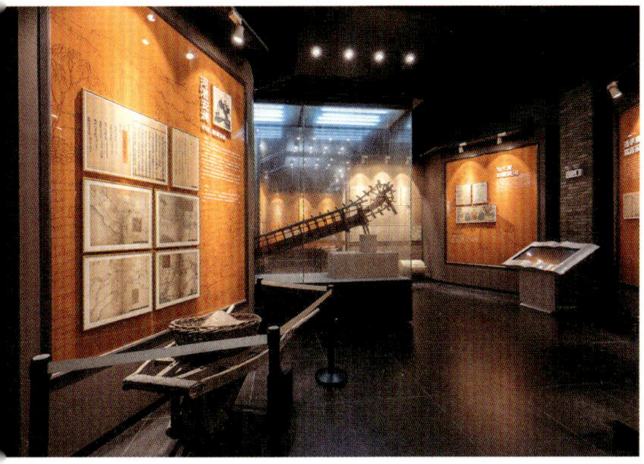

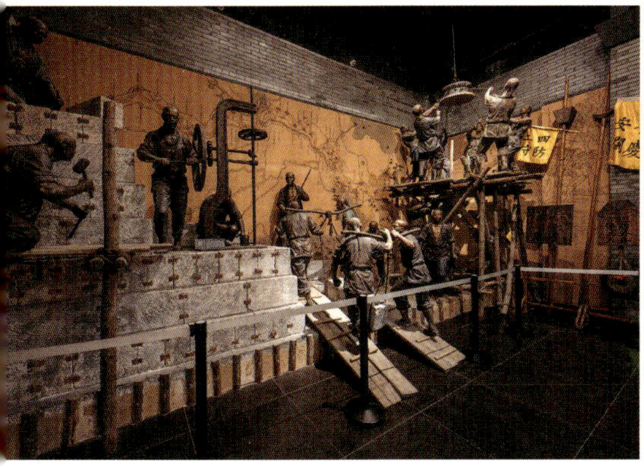

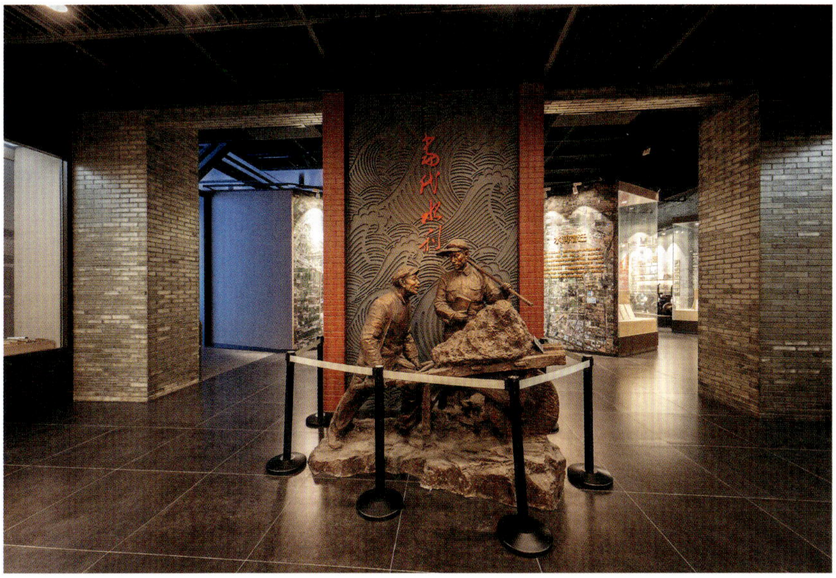

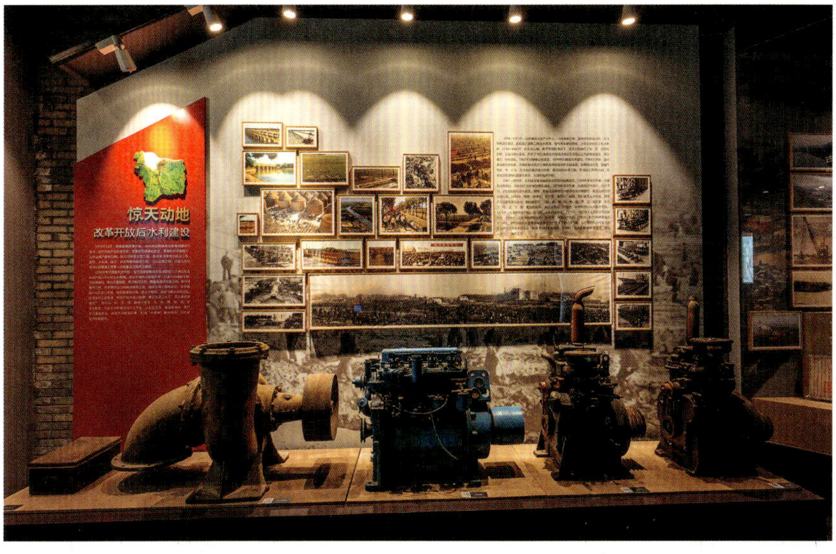
惊天动地
改革开放后水利建设

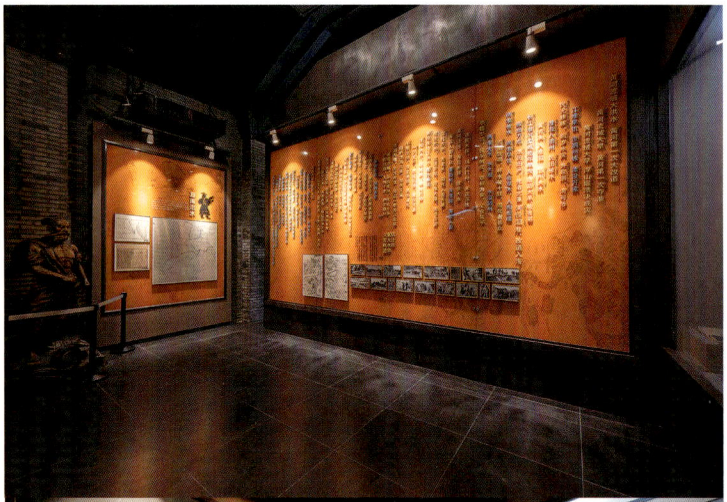

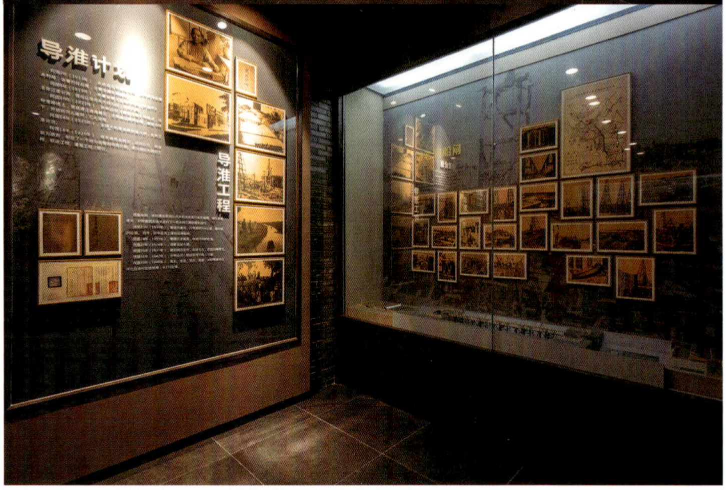
导淮计划
导淮工程

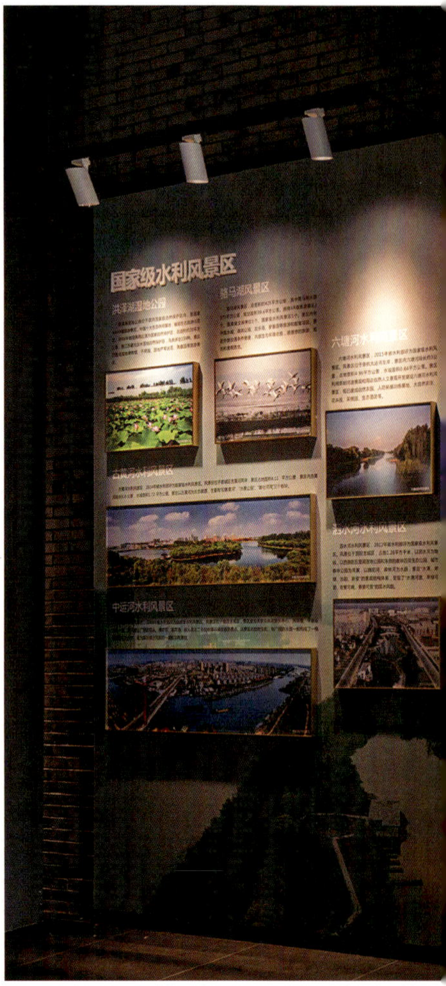
国家级水利风景区
骆马湖风景区
六塘河水利风景区
中运河水利风景区

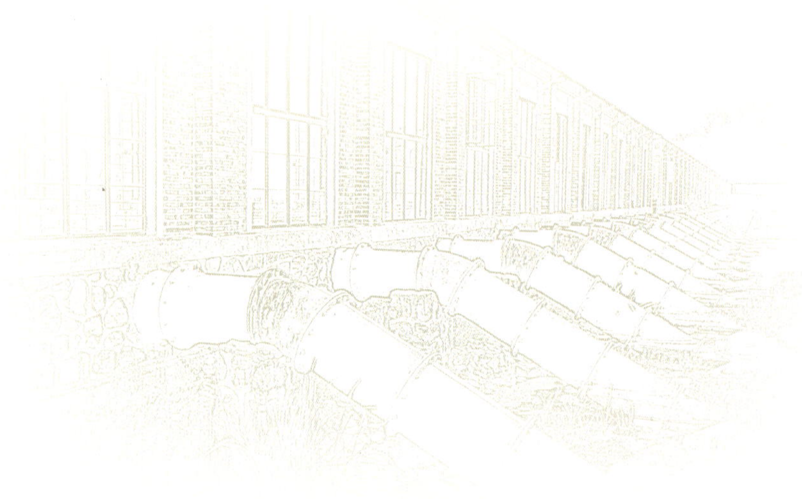

展馆内部展陈组图

展馆内部展陈组图

宿迁水利丰碑人物雕塑群

水利设施展示

老站房

宿迁水利遗址公园全景

江都水利枢纽工程

（2019年）

江都水利枢纽地处江苏省扬州市境内京杭大运河、新通扬运河和淮河入江水道交汇处，占地1.6平方公里，是江苏江水北调的龙头和国家南水北调东线工程的源头。基地依托"源头"工程设施，以及江都水利枢纽展览馆、南水北调东线江苏数据中心、源头纪念广场、咏源文化长廊、水闸科普园、淮河归江文化园、畅廉文化园等，面向社会公众开展具有"源头"特色的水情教育。

上图　江都水利枢纽主入口
下图　江都水利枢纽展览馆

南水北调东线江苏数据中心

南水北调东线江苏展示厅内部展陈

源头纪念广场

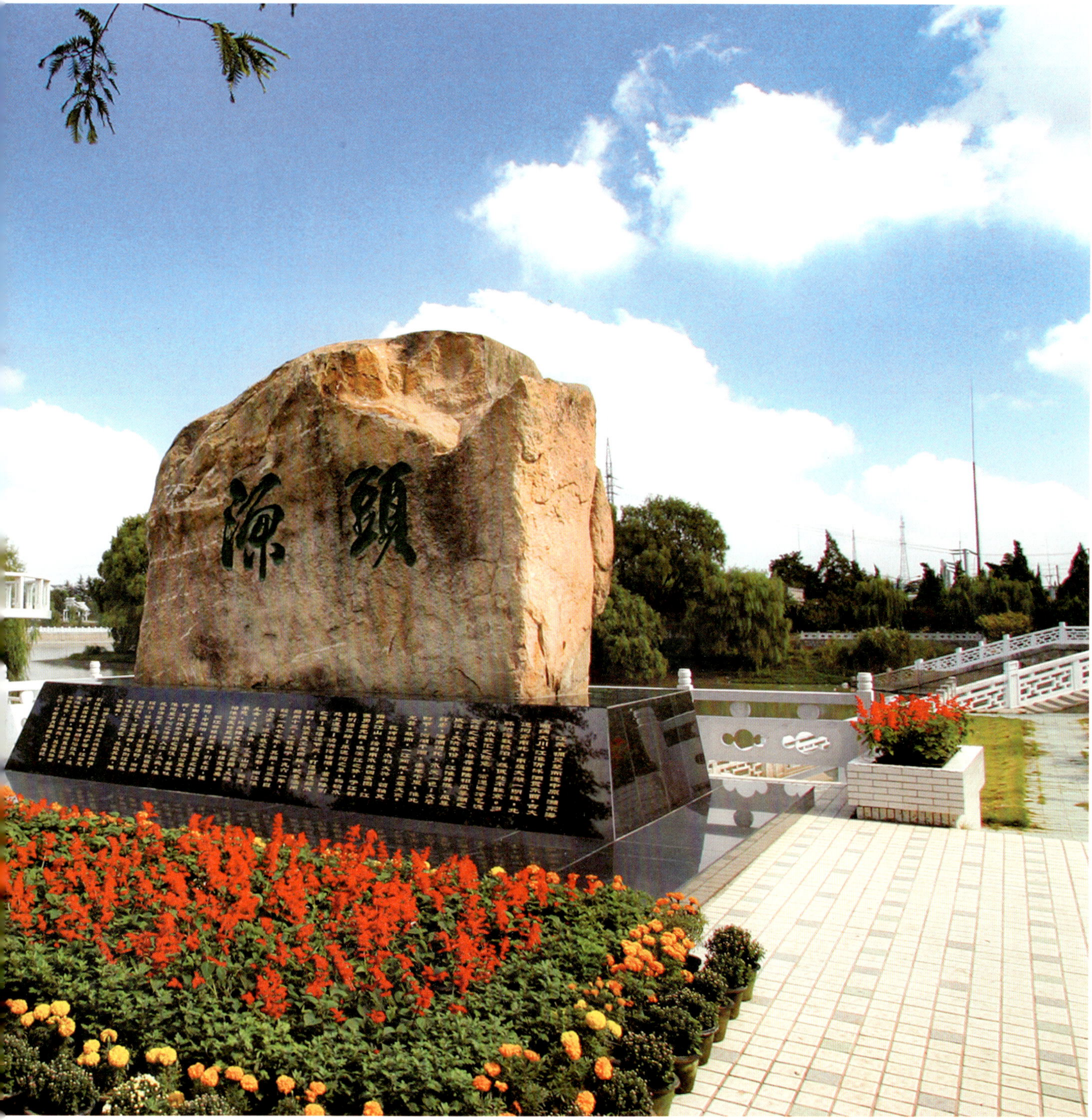
源頭

开展水情教育活动

上图　小学生观摩"源头"石碑
下图　小学生参观泵房

泰州引江河工程

（2019年）

泰州引江河工程位于泰州市与扬州市交界处，南起长江，北接新通扬运河，占地2.2平方公里，是一座以引水为主，集灌溉、排涝、航运、生态、旅游综合利用为一体的大型水利枢纽工程。基地以大型现代水利工程为依托，辅之以文化、生态等要素，传播水情知识，增强群众节水、亲水、护水意识，充分展示了水利枢纽工程在社会发展中的重要作用。

上图　水情教育基地导视牌
下图　法治文化示范园

中华治水名人园

安全管理工作塔

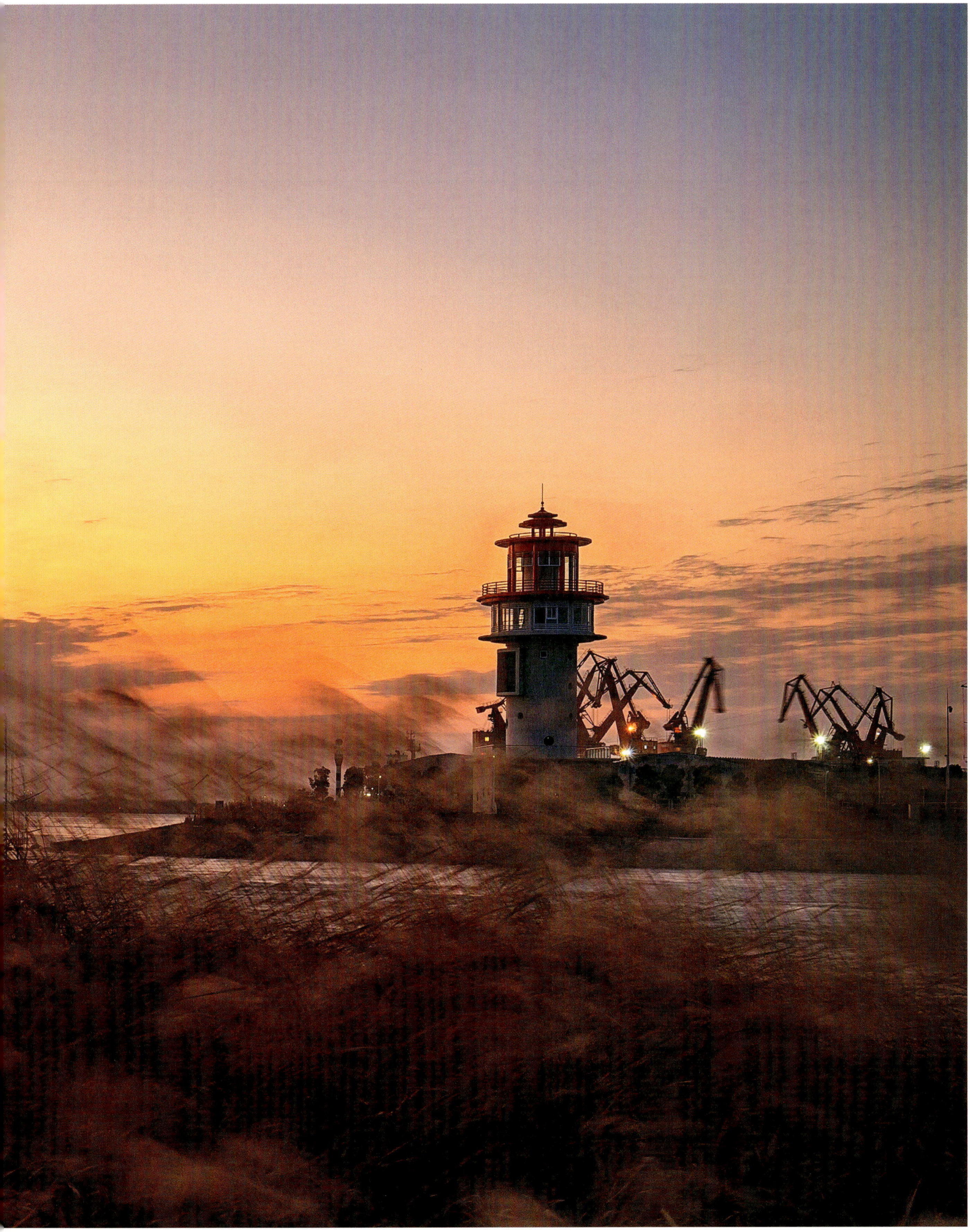

上图 高港枢纽声光电沙盘
下图 高港船闸"三零"服务展厅

水情教育展示中心

水文化园区·凤凰引江

学生走进"引江河"

江苏防汛抢险训练场

（2021年）

江苏防汛抢险训练场位于南京市六合区龙袍街道，占地 0.2 平方公里，是全国首家，也是唯一一家抢险实训基地，分为演练区和辅助区两个部分，训练内容涵盖了平原地区所能遇到的全部堤防险情和常用抢险方式。场馆大力弘扬御水文化，将"治水"与"兴水"相结合，填补了我国防汛抢险训练场馆的空白，探索出一条特色鲜明的水情教育之路。

"治水之典"文化长廊外景

展示防汛抢险人物精神主题广场

上图　训练场航拍图
下图　各类护坡实物展示区

俯瞰训练场

左上图　冲锋舟训练水池一角
中上图　溃坝险情模拟
右上图　自然文化长廊一景

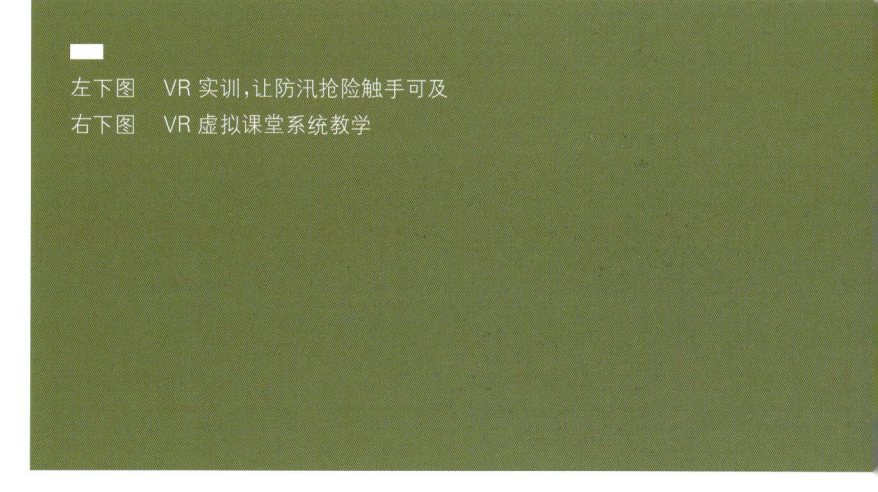

左下图　VR 实训，让防汛抢险触手可及
右下图　VR 虚拟课堂系统教学

"治水之典"文化长廊

上图　堤防险情模拟介绍展板
中图　常见护坡种类实物展示
下图　遇险自救知识展板

安澜展示园（淮安水利枢纽）

（2020年）

江苏安澜展示园位于京杭大运河、苏北灌溉总渠及淮河入海水道3条人工河道立体交汇处，占地面积3.8平方公里，园区以淮河安澜展示馆、大运河水上立交（安澜塔）、淮安第二抽水站等水工建筑为主体，范围内有25座水工建筑物，是一座活态的现代水利工程博览馆。

淮安水利枢纽全貌

淮河安澜展示馆

大运河水上立交（安澜塔）

上图　淮安第二抽水站
下图　淮安第三抽水站

上图　大型立式轴流泵
中图　闸门文化广场
下图　水泵实体模型

欲晓亭风景

北京大学、清华大学学生暑期实践

上图　淮安小学承恩中队开展水利工程研学活动
下图　河海大学暑期实践团开展"淮上立交　河海相携"主题活动

水韵江苏·河湖印记丛书

水情教育基地

省级

扬州中国大运河博物馆

扬州中国大运河博物馆地处运河三湾生态文化公园，占地面积约 13 万平方米，建筑面积约 8 万平方米，主体由博物馆和大运塔两部分组成，是一座集文物保护、科研展陈、休闲体验为一体的现代化综合性博物馆，也是保护、展示和利用大运河文化的标志性建筑。馆内设置环形数字馆，通过"水、运、诗、画"四个篇章展示运河美的意境，观众随"时空河道"自由穿梭流动，展开人与自然、历史、现实的对话，场馆通过"科技+艺术+文化"的创意表达方式，让大运河流入每位观众的眼中和心里。

夜幕下的中国大运河博物馆

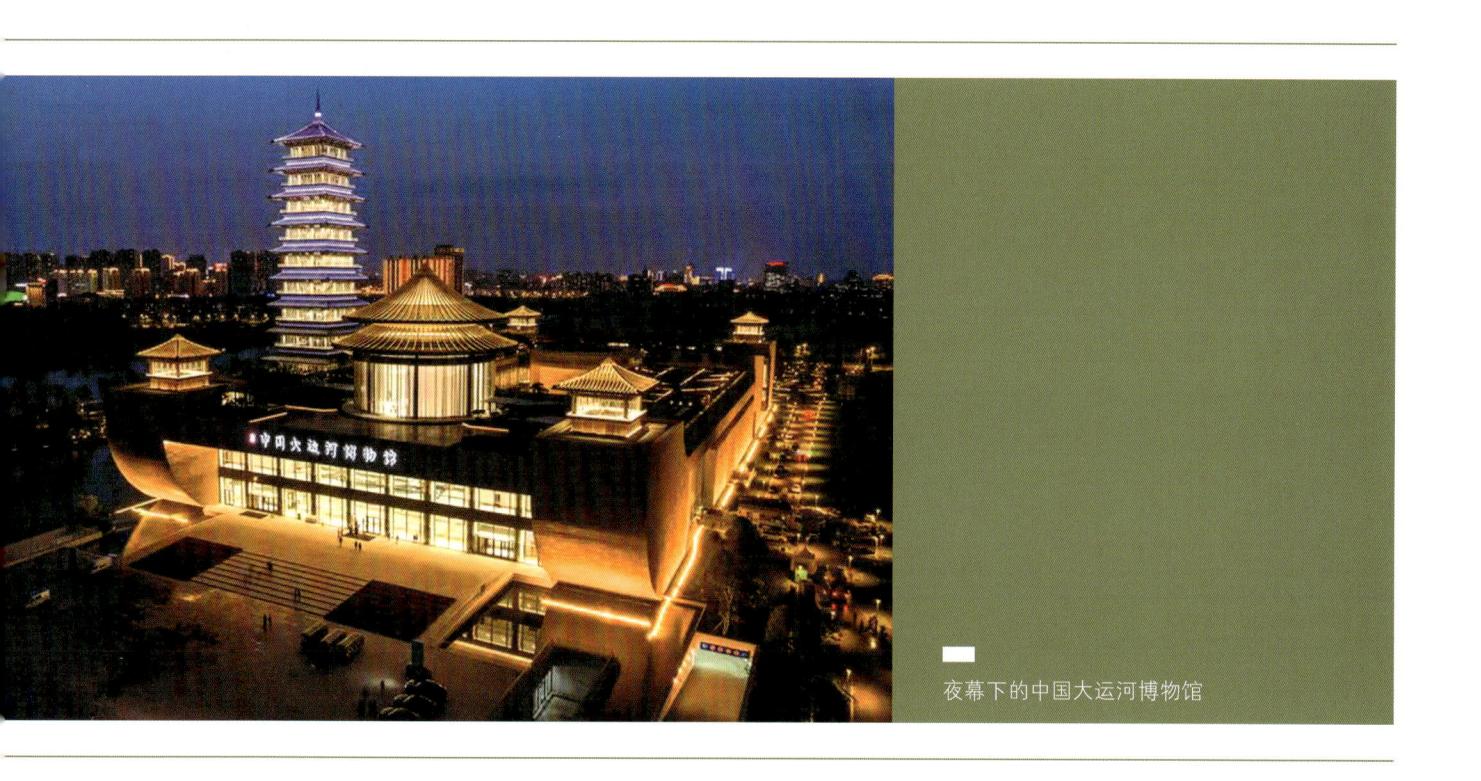

淮安樱花园

淮安樱花园位于淮安市区古淮河北岸，占地面积约45万平方米，其中水利科普馆展厅面积1100平方米，建园早、体量大、受众广、成熟度高。基地设有室内展馆、室外展区和网上展区三部分，全面系统介绍全国及淮安基本水情，展现水利发展成就和水资源开发、利用、保护理念，依托水土保持科技示范区建设，大力开展水情教育，引导公众认识水、了解水、重视水、善待水，是一座集水土保持研究、科普教育和休闲游乐于一体的水情教育基地。

櫻花大道春意滿

櫻花大道夜景

濯清桥

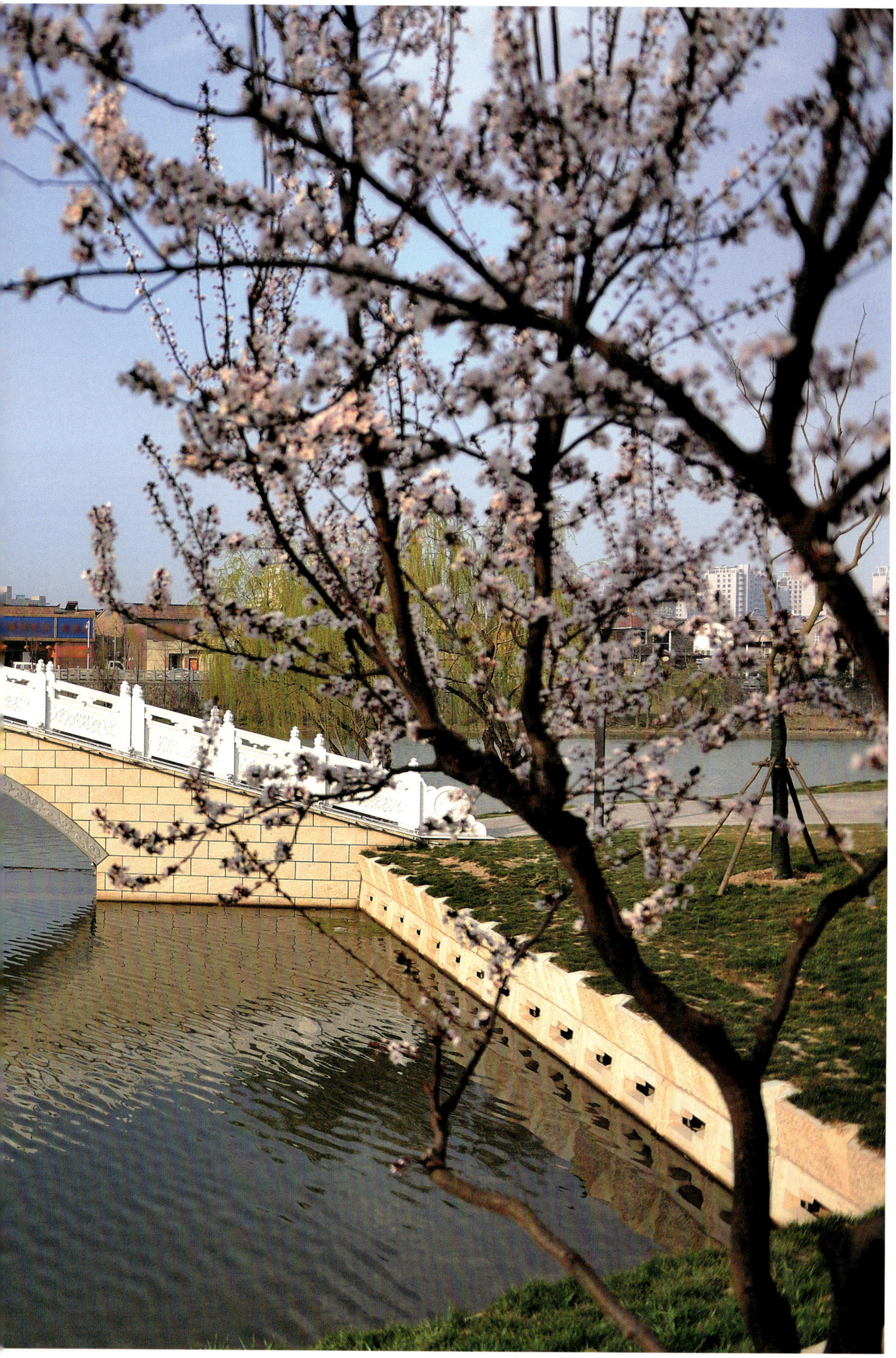

左图　樱花园古淮河春色
右图　观澜桥旁的湿地景观

生态河道生态挡墙

水文化长廊紫藤盛开

樱花园水利科普馆外景

开展各类活动

樱花园春美如画

无锡太湖—梅梁湖泵闸群

无锡太湖—梅梁湖泵闸群位于蠡湖畔，占地面积 24 平方公里，由梅梁湖泵闸群、蠡湖展示馆、蠡湖国家湿地公园（蠡湖区域）三部分组成，通过将蠡湖丰富的水情教育载体、人文景观与湿地景观相融合，打造出集水情知识普及、水文化展示、水科普宣教、水生态科研监测、湿地保护与修复、湿地观光体验和休闲游览于一体的综合性水情教育基地。

梅梁湖泵站外景

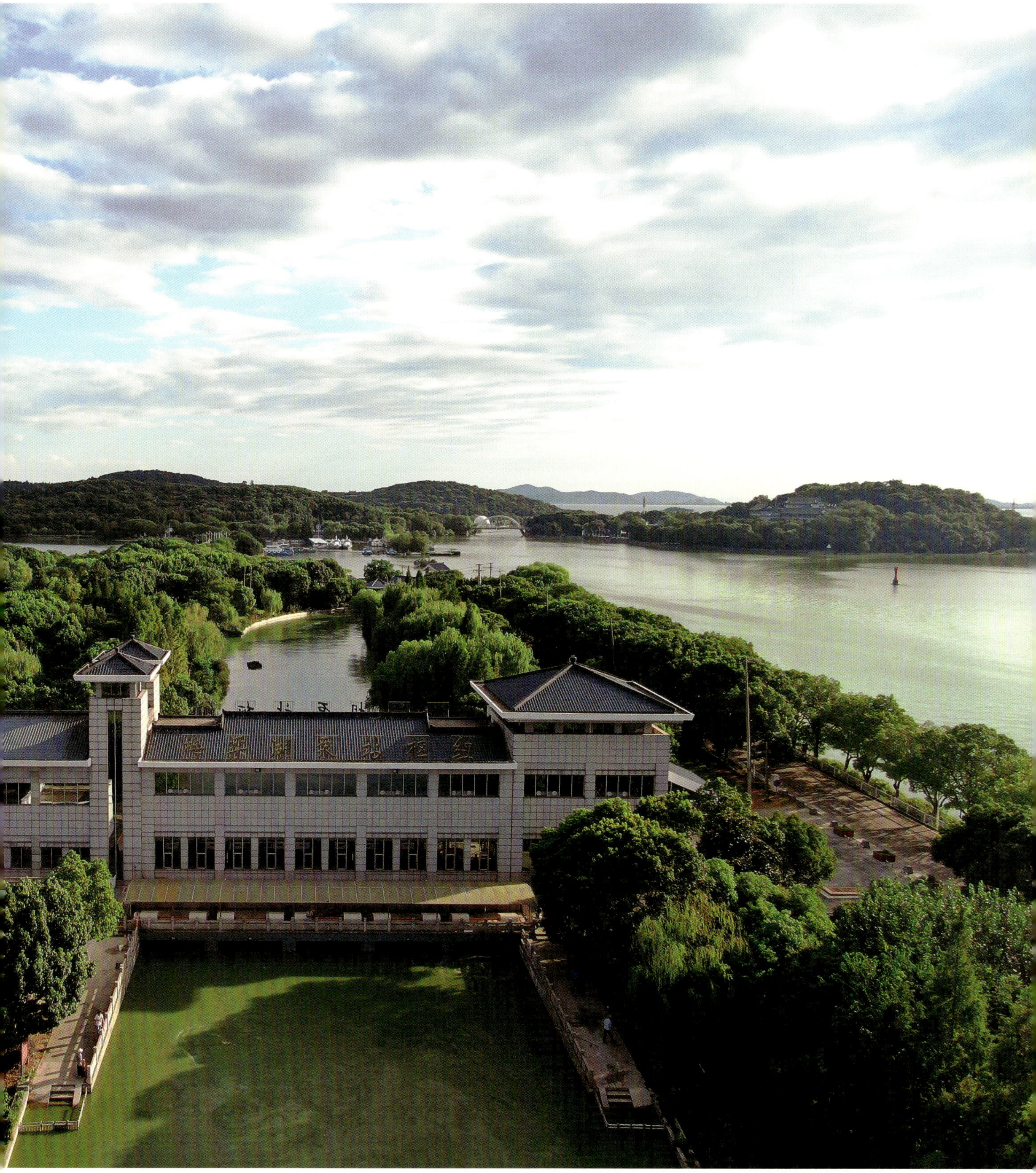

鸟瞰犊山防洪枢纽工程

犊山防洪枢纽工程全景

大渲河泵站工程

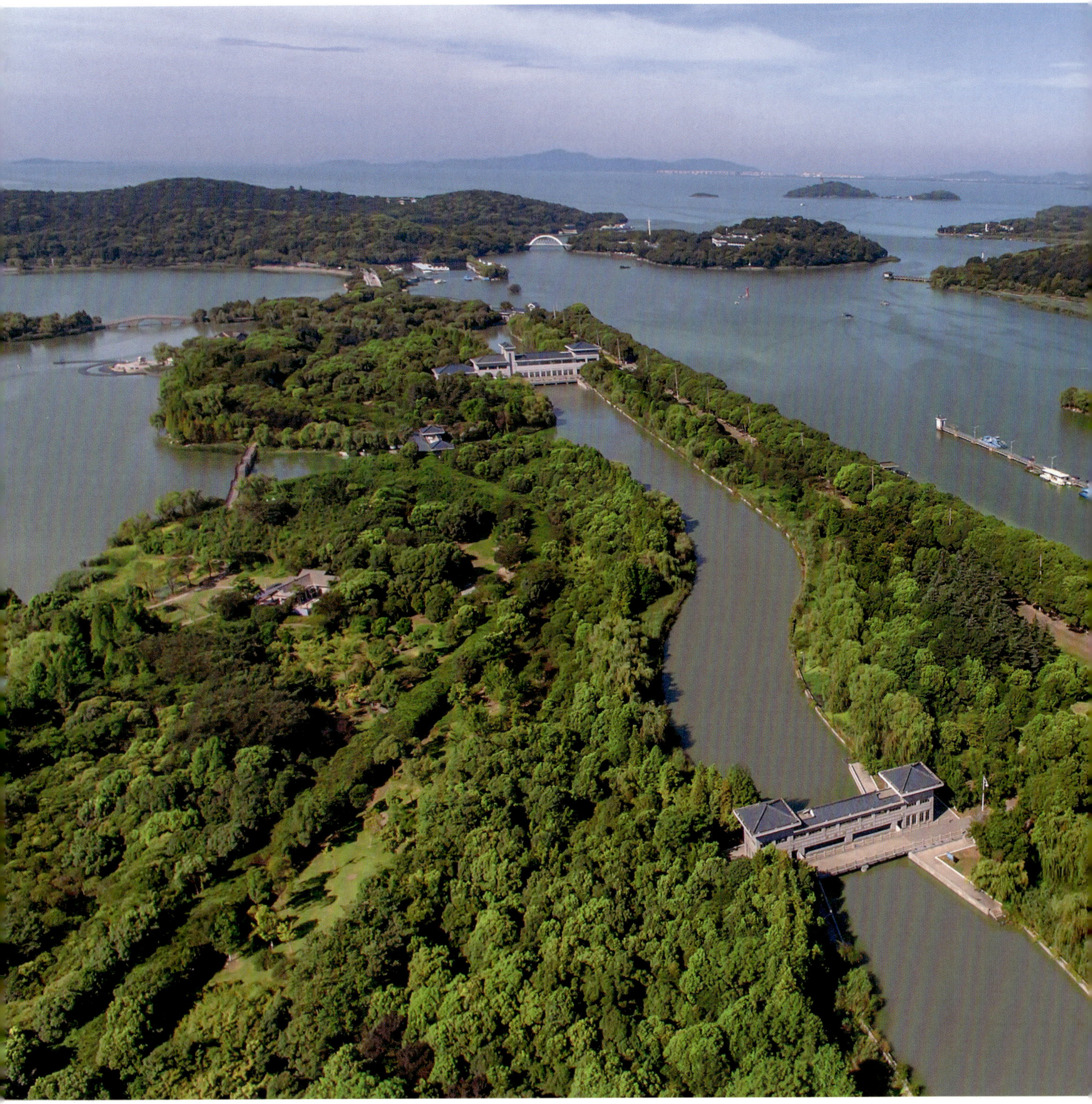

梅梁湖泵闸群远景

蠡湖展示馆外景

无锡市育红小学学生到蠡湖展示馆开展主题活动

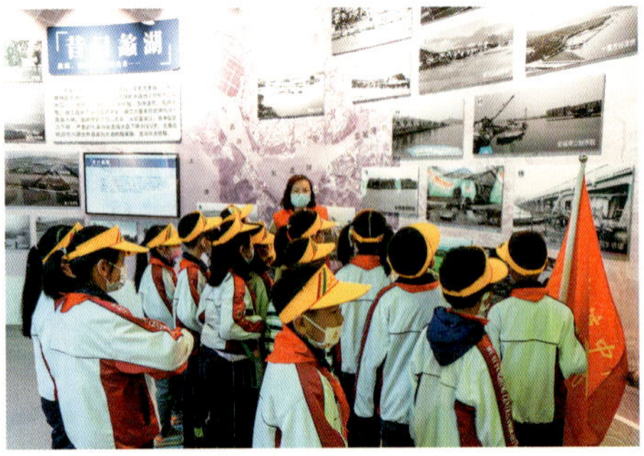

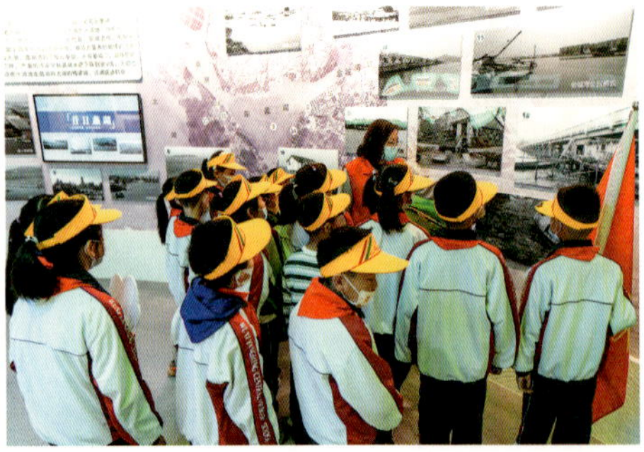

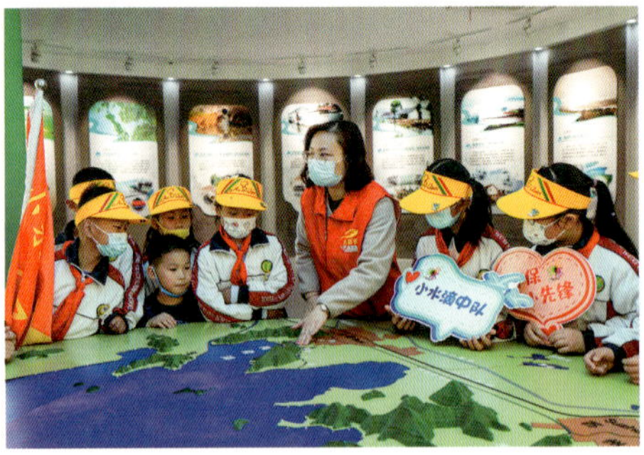
小水滴中队

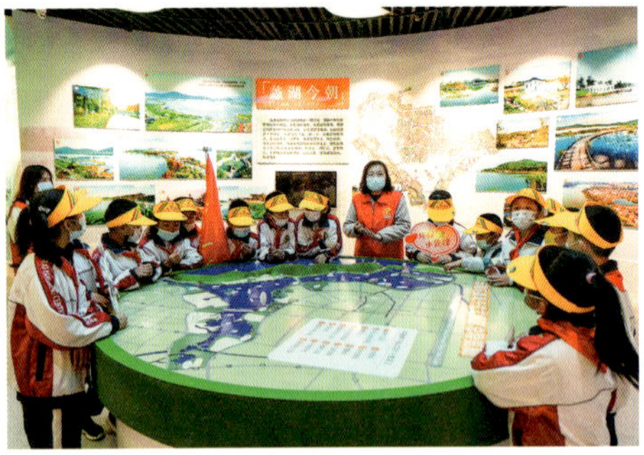

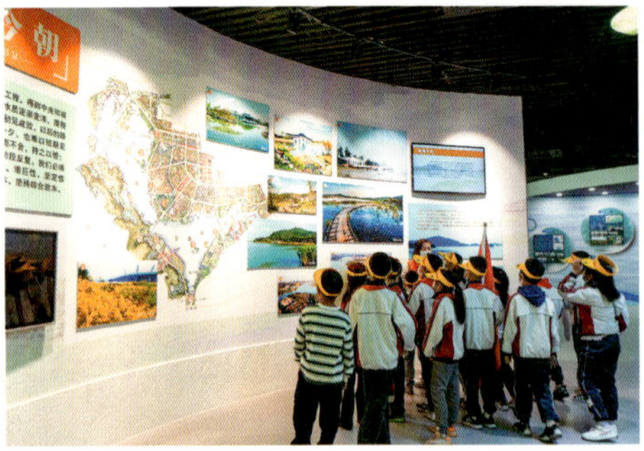

无锡市扬名中心小学
"小水滴"中队到蠡湖展示馆开展活动

秦淮水博苑

秦淮水博苑位于南京城南,毗邻夫子庙风光带,占地面积2万平方米,展厅面积1200平方米,拥有闸站工程模型和3D实景漫游互动体验设施、水科技多媒体演示系统、节水技术实景展示等丰富的水情教育资源,立足"一苑五区",分龄分众,开展"知水情,惜水源""走进秦淮水文化"等水情教育主题活动,评选"秦淮河小卫士""江苏省首批小学生节水大使",与南京市秦淮区教育局签署水情教育合作框架协议,水情教育活动影响力直接辐射全区近3万个家庭9万余名青少年。

秦淮水博苑内景

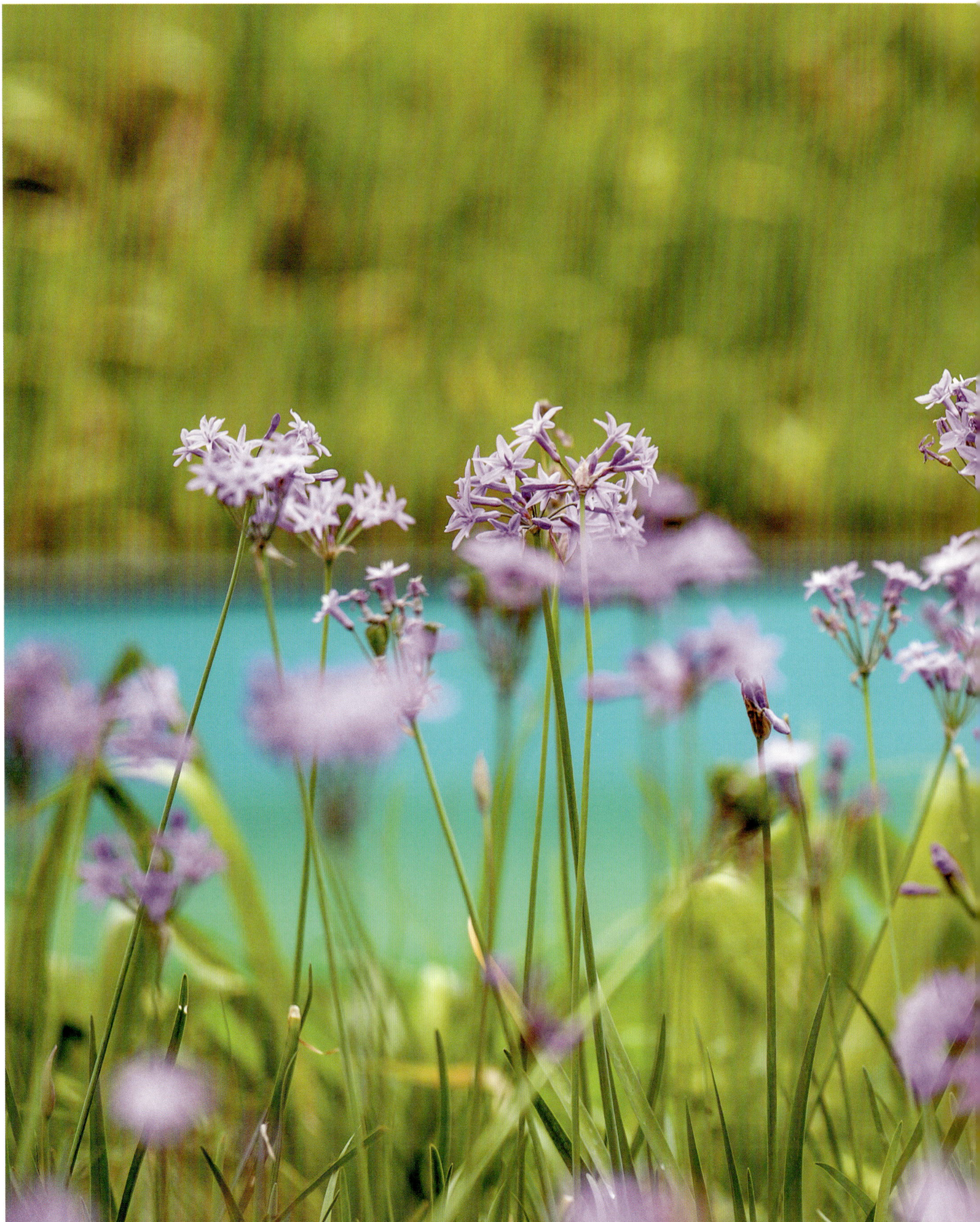

秦淮水博苑一景

"法治水利"宣传园地

上图 水韵秦淮展厅
下图 "水润江苏"水情长廊

081

水文化展示墙

宣传壁画

新河全景

智能实验室

秦淮新河江边水利枢纽电机层

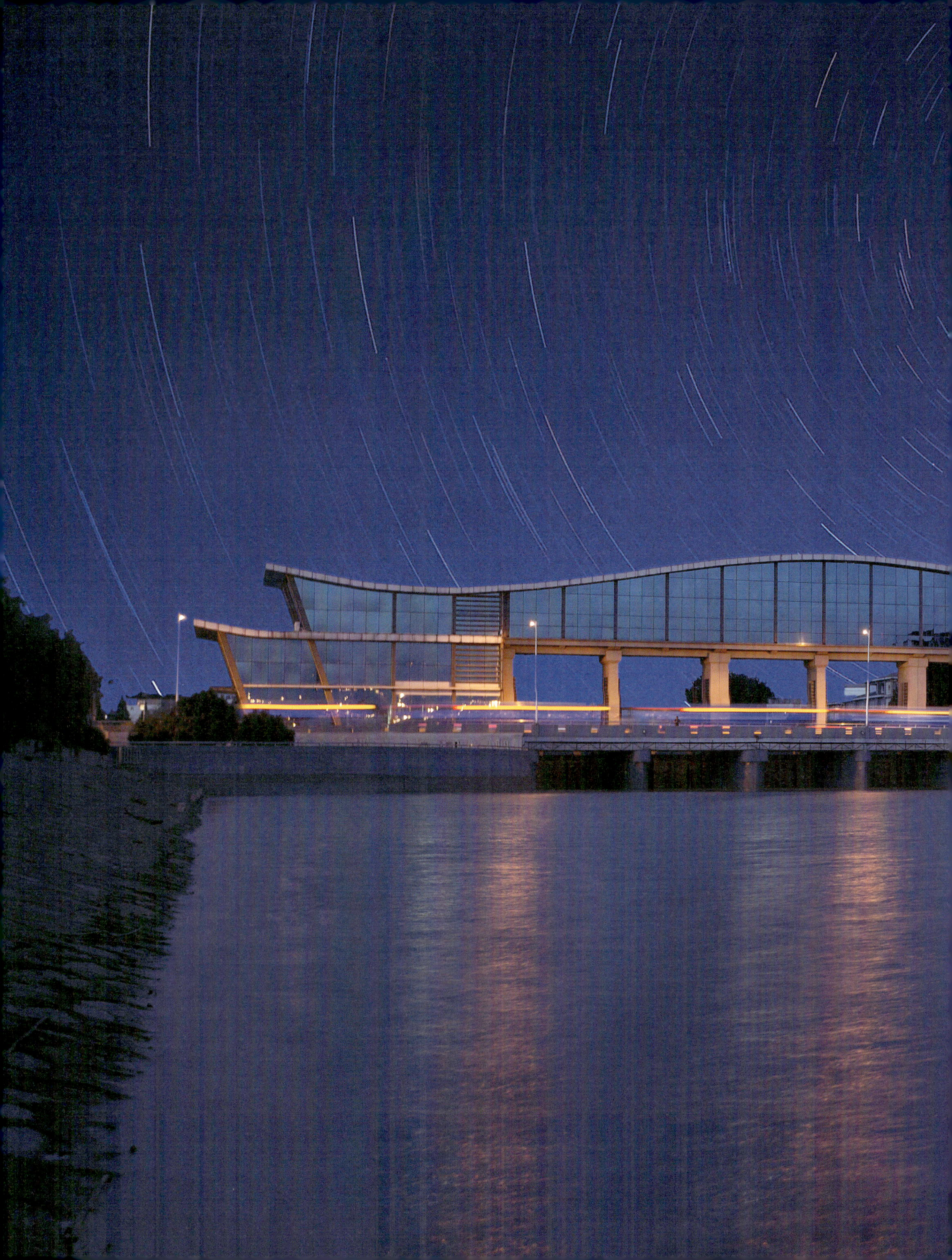

武定门节制闸

武定门枢纽全景

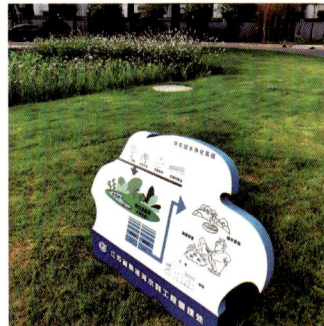

生态节水示范园地

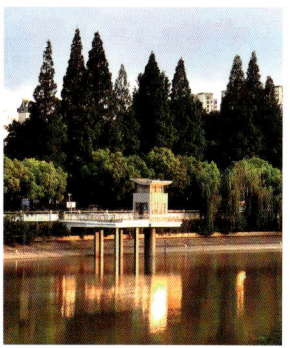

左图　启闭机房
右图　秦淮河水文站

武定门泵站

水-PARK 科技馆

水-PARK 科技馆位于南京江宁科学园污水处理厂，占地面积 1600 平方米，拥有 1000 平方米的附属配套区域。馆内采用模型演示、实物展示、互动展项、CAVE 影院等现代化展陈技术，设计新颖、互动性强，将科学性、知识性、趣味性融为一体，重点打造多媒体小型观影厅，通过讲座、体验教学、实地参观等形式，向学生和公众普及水情知识，履行企业社会责任。

■ 水-PARK科技馆外景

上图　水-PARK科技馆序厅
下图　水-PARK科技馆大厅

水工艺展区

右上图　水与农业展区
右下图　节水器具展区

水资源展区

093

水节约展区

实施国家节水行动，推进可持续发展
坚持节水优先，推进绿色发展
培养节水习惯，珍惜水资源

水课堂

开展水情教育活动

印象苏州水文化馆

印象苏州水文化馆位于苏州火车站附近，布展面积730平方米，场馆在保持平门泵房主体结构、功能不变的情况下，通过外立面改造和内部装修布展而成。整体设计风格以苏式粉墙黛瓦为主，由"魂""韵""润""灵"四个部分组成，通过图片、文字、数字沙盘、声光电多媒体等展陈形式，展示苏州城市从古至今水利水务的历史变迁。场馆小巧精致、内容丰富，与当地美术馆、名人馆等文化场馆串珠成线，将水情教育融入城市文化，成为苏州人家门口的水情教育基地。

"五龙汇阊"六码头展区

上图　伍子胥建城开河展区
下图　以数字手段展示苏州水文化

水巷风情展区

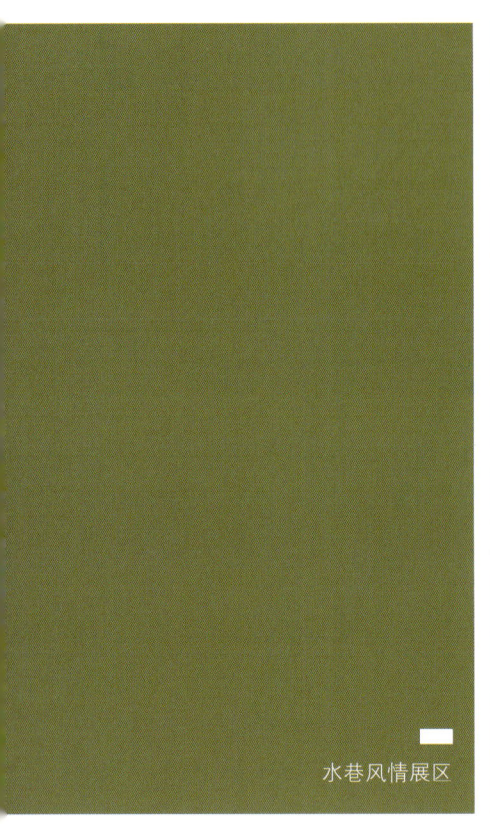

水文化馆正门

水文化参观学习活动

水文化学习小课堂

兴化水利文化馆

兴化水利文化馆位于兴化城郊，南依城区，北望千垛景区，西临平旺湖，展厅面积1100平方米，分为两层。第一层为科普体验区，设自然之水、神奇水乡、水之利害、爱水护水等板块，主要介绍水的基本知识，以及兴化独特的水情，即"锅底洼"的地形、垛田和五湖八荡七纵七横的水网特色。第二层主要介绍兴化治水历史和水利建设成就，展示兴化最具地标性的"水"特色，内容包括因水而起、治水历史、兴水之利、幸福水乡4个板块。水情教育基地的设立，进一步增强了全社会节约保护水资源的意识，全力营造知水、爱水、惜水、护水的浓厚氛围。

兴化水利文化馆内景

三河闸

三河闸水情教育基地坐落于洪泽湖东岸，地处淮河生态经济带、大运河文化带交汇点，占地面积53.1万平方米，展厅面积3952平方米，包揽了三河闸、洪泽湖大堤以及鹤鹭自然保护区等多处自然、人文景观。基地以三河闸水情实境教育馆、刘少奇与洪泽湖展示馆、洪泽湖治水博览园等场馆建设为龙头，依托工程、文化、精神资源，深入挖掘历史治水文化，提炼红色革命元素，生动展现水文化、水文明、水历史，多次与河海大学、扬州大学、地方中小学等结对共建，组织看水利、寻古迹、绘画摄影比赛，拓展水情教育辐射面。

三河闸工程

左上图　镇水铁牛
左下图　齿轮广场
右上图　荣誉广场
右下图　三河闸实境展示馆

"一定要把淮河修好"主题石刻

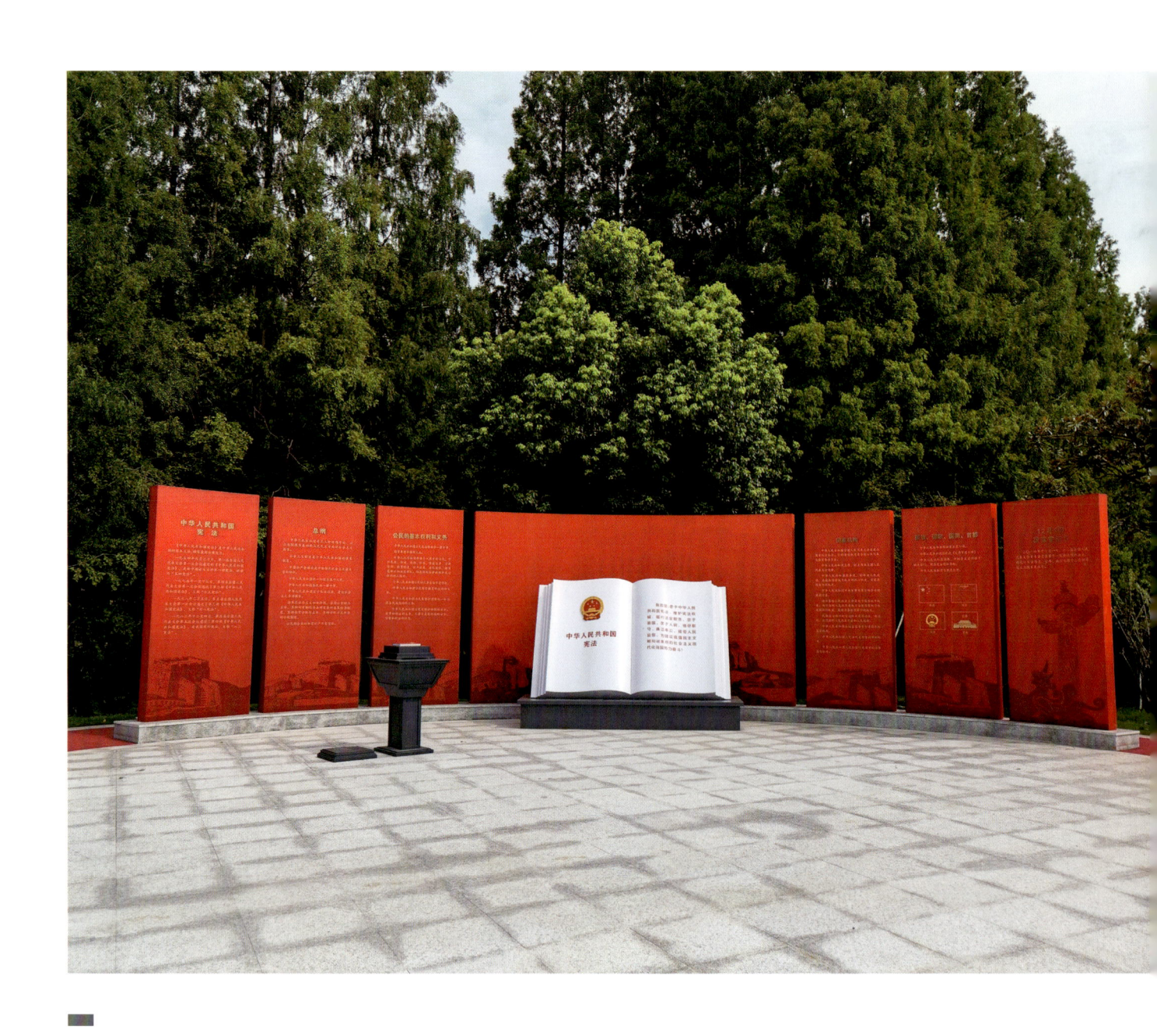

法治广场

开展水情教育活动

水文化碑廊

上图　开展志愿服务活动
下图　《江苏省洪泽湖保护条例》宣贯活动

礼湖风光

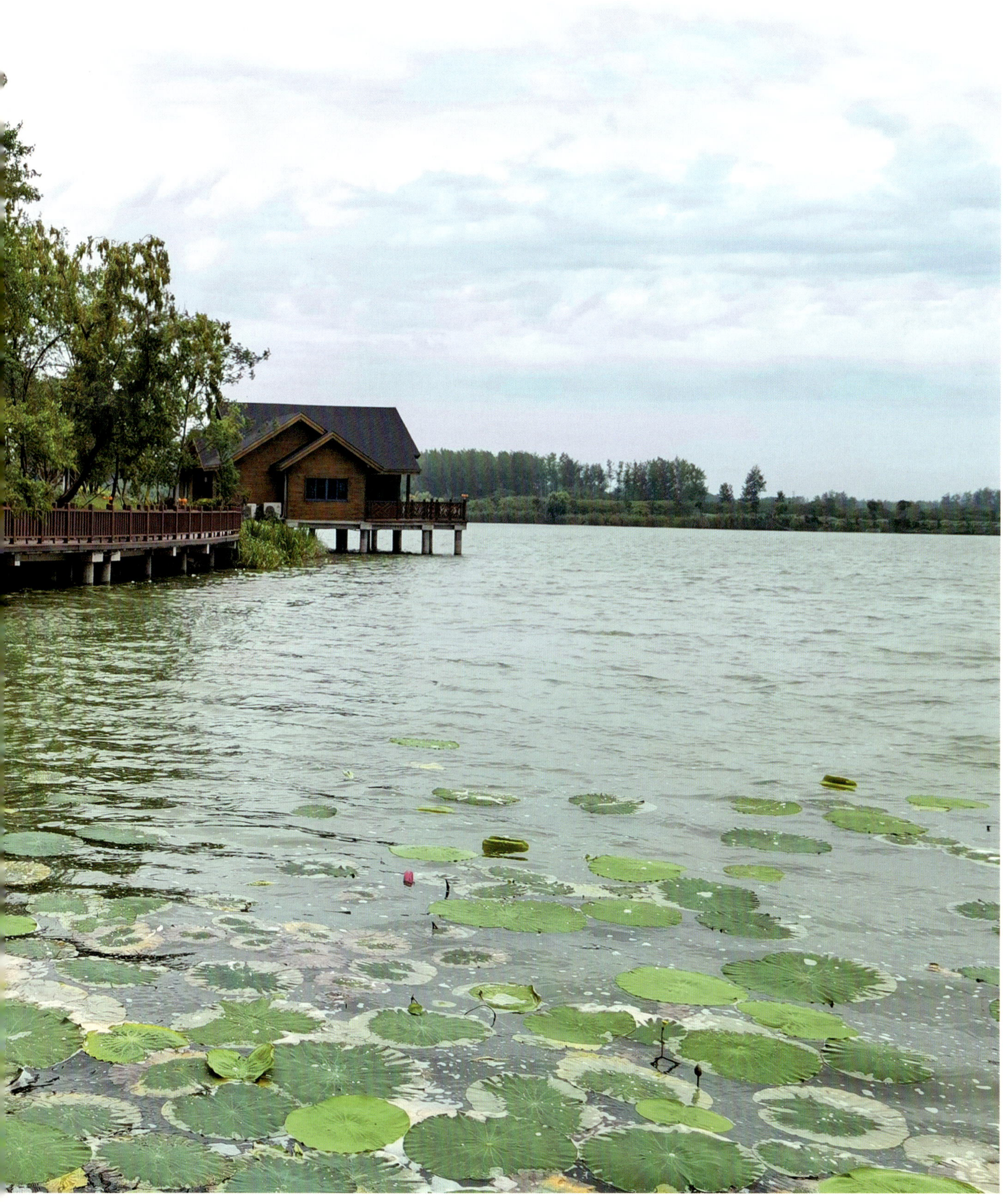

常州青龙潭

常州青龙潭位于常州市天宁区青龙街道，占地 236 万平方米，展厅面积 270 平方米。基地依托横塘河北枢纽、北塘河枢纽、北塘河船闸等水利工程设施，面向公众开展丰富的水利工程、水利历史和水利文化宣传教育。通过实地参观水利工程，观摩城市防洪大包围、"畅流活水"工程等模块的电子沙盘功能演示，参观者不仅能够了解水利科学知识，还能直观感受水利工程对城市发展的重大意义。

北塘河枢纽

北塘河船闸

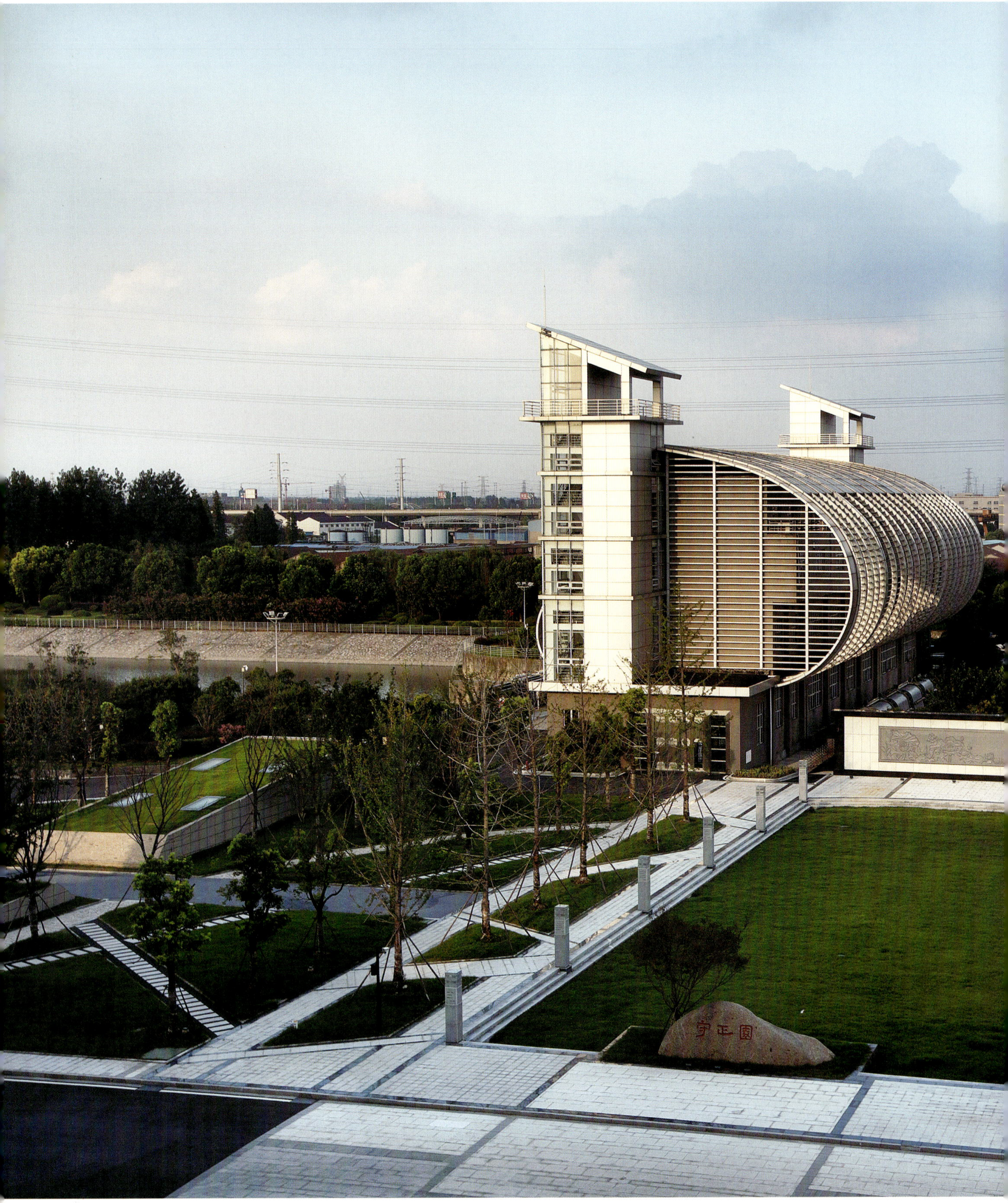
守正園

横塘河北枢纽

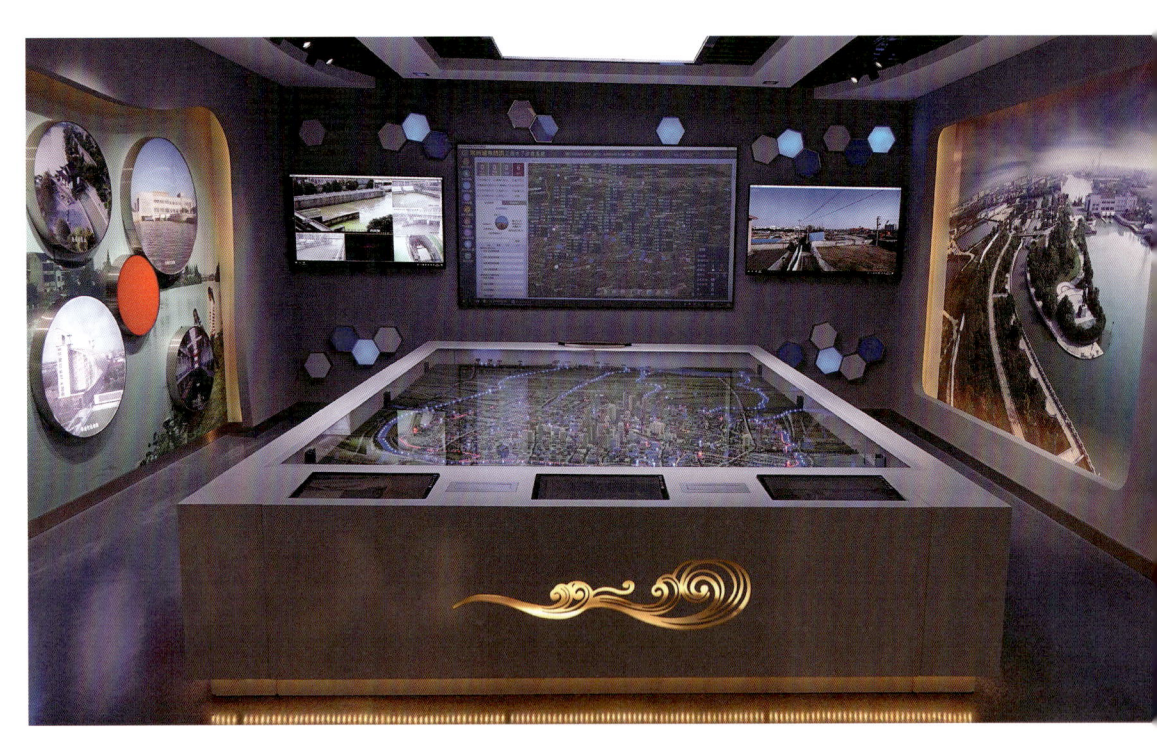

上图　城市防洪工程馆
下图　治水名人馆

屠寄生平展

治水曲廊

上图　党员实境课堂
下图　小记者走进青龙潭水情教育基地

皂河水利枢纽工程

皂河水利枢纽工程位于骆马湖西大堤和邳洪河之间，占地面积54.54万平方米，展厅面积900平方米。基地围绕"亚洲第一泵"品牌，以泵站水文化科普展示为中心，利用现有的实体工程设施，通过对水利工程和演示模型的当代创新表达，对工业遗产的当代活化利用，生动演绎了水泵发展、水泵技术应用的精彩蝶变，拓展了治水、节水、护水等系列宣传科普资源，打造出独具特色的"水泵科技"主题水情教育基地。

皂河水利枢纽工程

开展水情教育活动

连云港海陵湖

连云港海陵湖水情教育基地位于苏鲁两省的赣榆、东海、临沭三县交界处，占地面积9100万平方米，展厅面积400平方米。基地以石梁河水库枢纽工程为依托，整合了海陵湖国家水利风景区、江苏省最美水地标、连云港市科普教育基地等资源，利用类别丰富的涉水载体开展水情教育活动，打造出集水利建筑美学、园林景观塑造、雕塑雕刻艺术、室内模型实物与影音动画展示于一身的水情教育基地。

鲧禹治水浮雕

2018年泄洪

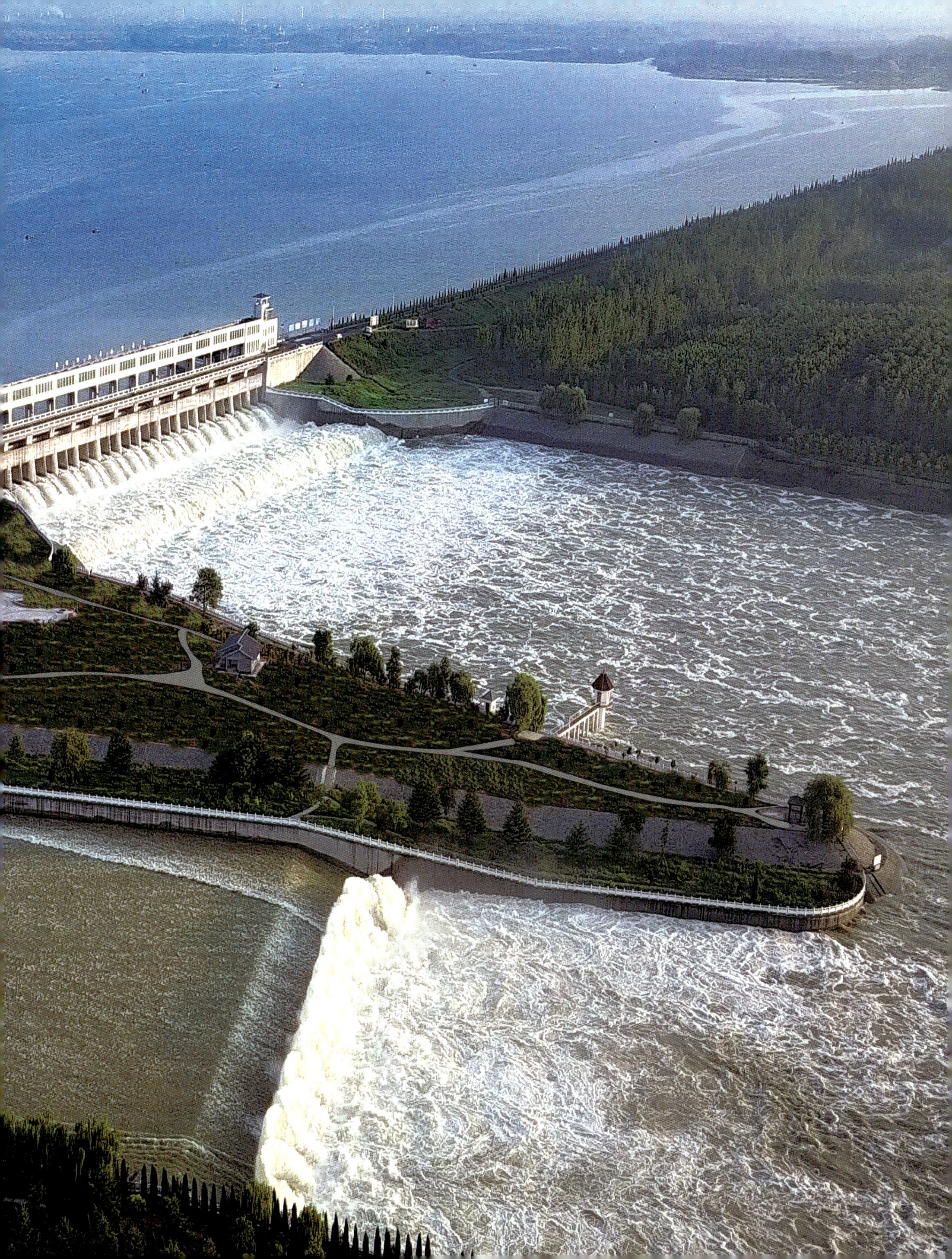

2020年泄洪

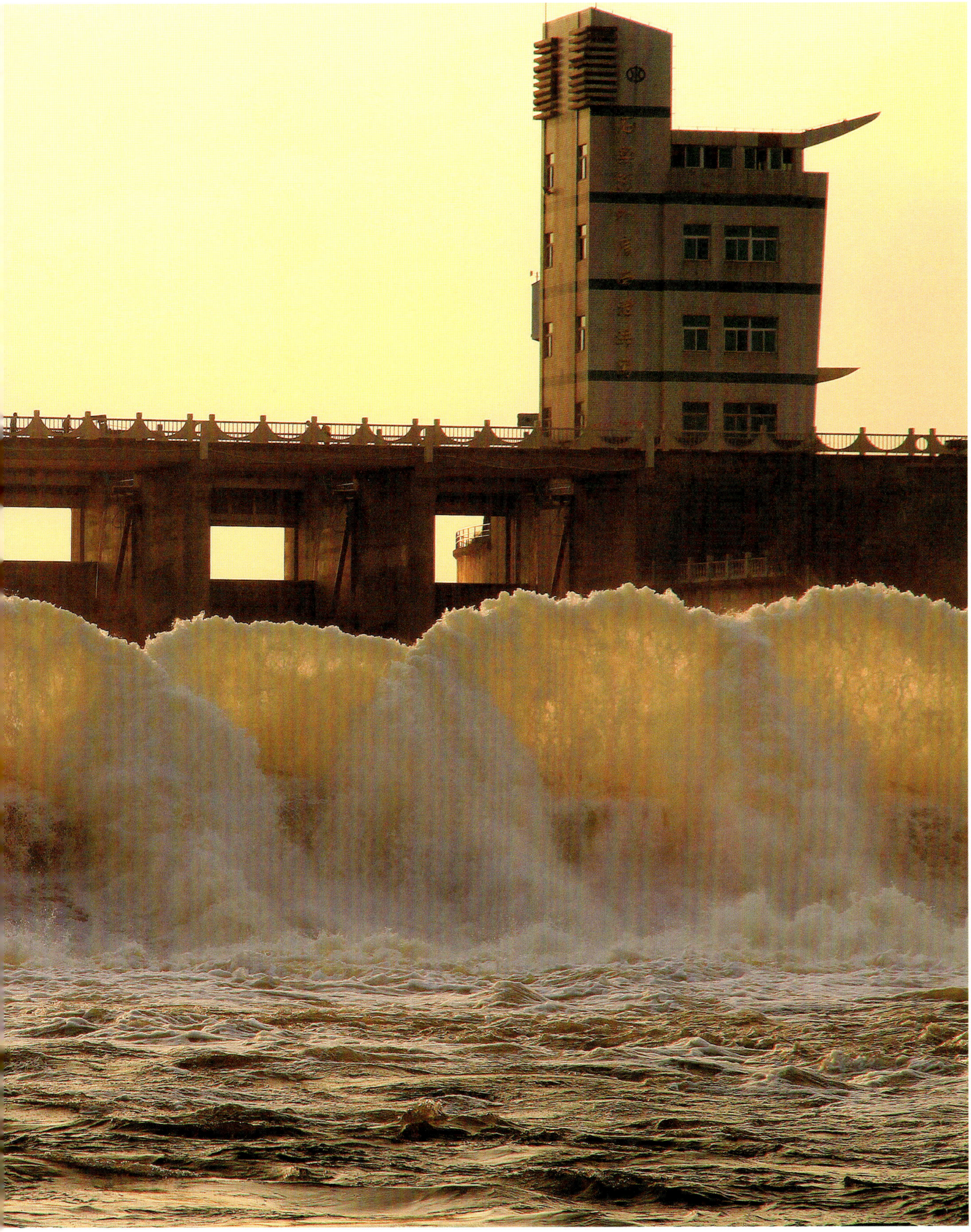

上图 水工程知识科普展牌
中图 亲水文化区
下图 海陵湖工程总体布置示意展牌

水文化长廊

海陵湖广场

极目台,远眺海陵湖

盐城大纵湖—蟒蛇河

盐城大纵湖—蟒蛇河水情教育基地位于盐城市盐都区，占地面积1628万平方米，展厅面积4518平方米，以大纵湖国家水利风景区、蟒蛇河风光带、盐都区节水文化教育馆、东晋水城主展示馆和沿岸闸站、驿站为主体，呈现出"一河一湖两馆多点"的水情教育基地格局，通过图片、文字、模型、实物、影视和多媒体等形式，全方位展示盐都水文化内涵。

盐城大纵湖—蟒蛇河

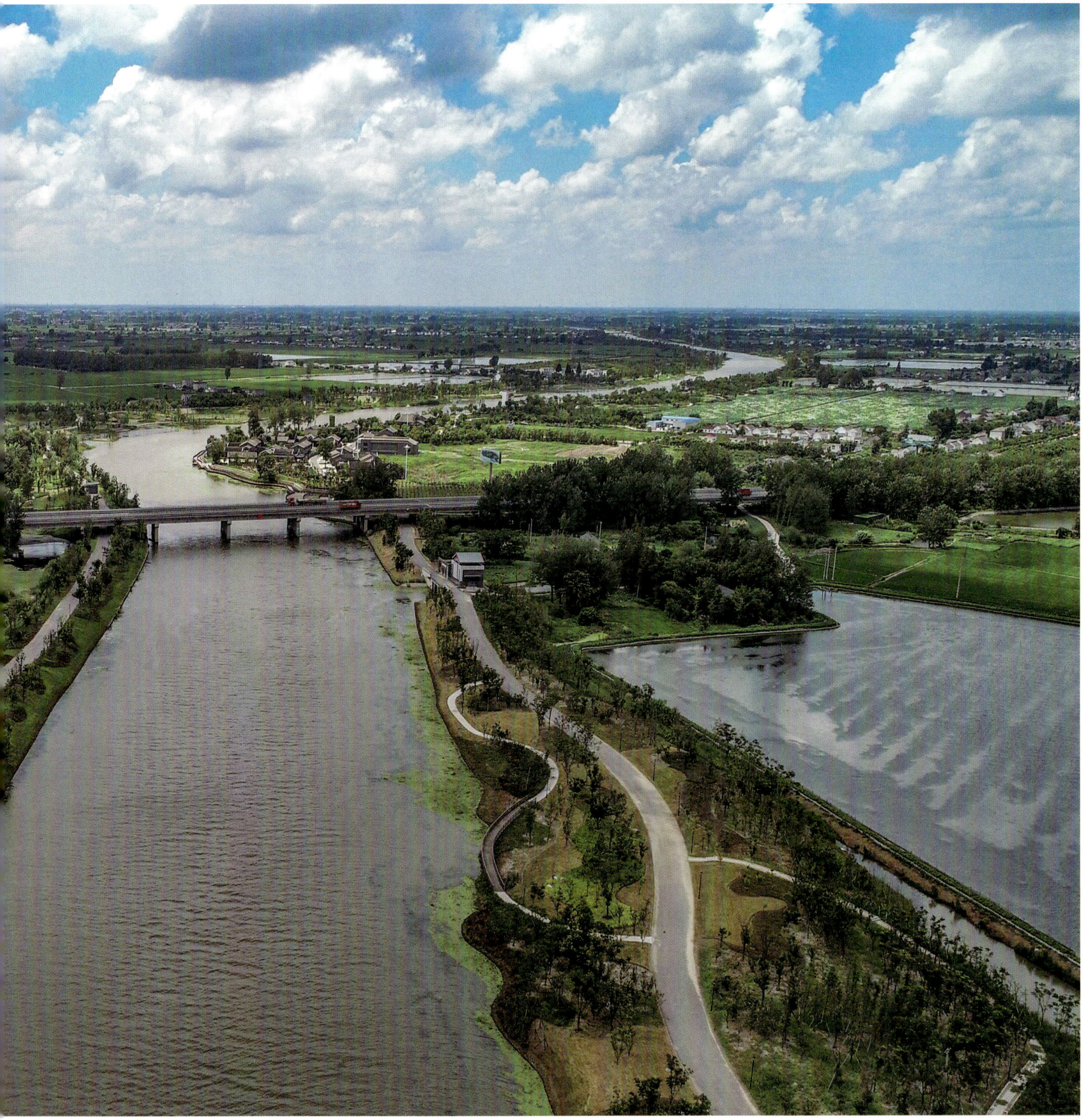

开展水情教育活动

139

浦邑滁河

浦邑滁河水情教育基地位于南京市浦口区境内，展厅面积934平方米。基地以滁河河道为依托，精心打造水情教育绿色精品研学路线，结合码头、涵闸、泵站等水利特色工程及建筑，形成以"水文·水韵"为主题的水利文化示范区，打造津浦印记、滁河水利展示馆、滁河水利公园、余家湾水利遗址公园等一系列水情知识展示和宣教场馆场所，打造知水、懂水、爱水、惜水园地。

小学生进基地学习滁河文化

小学生进基地了解枢纽全貌